华东区域气候变化评估报告:2020

决策者摘要

《华东区域气候变化评估报告:2020》编写委员会 编

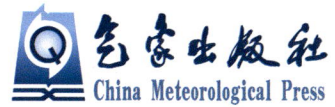

图书在版编目(CIP)数据

华东区域气候变化评估报告：2020 决策者摘要 /
《华东区域气候变化评估报告：2020》编写委员会编. —
北京：气象出版社，2021.7
　ISBN 978-7-5029-7451-0

　Ⅰ.①华… Ⅱ.①华… Ⅲ.①气候变化-研究报告-
华东地区-2020　Ⅳ.①P468.25

中国版本图书馆 CIP 数据核字(2021)第 101202 号

华东区域气候变化评估报告：2020　决策者摘要

Huadong Quyu Qihou Bianhua Pinggu Baogao：2020　Juecezhe Zhaiyao

出版发行：气象出版社			
地　　址：北京市海淀区中关村南大街46号		邮政编码：100081	
电　　话：010-68407112(总编室)　010-68408042(发行部)			
网　　址：http://www.qxcbs.com		E-mail：qxcbs@cma.gov.cn	
责任编辑：陈　红		终　　审：吴晓鹏	
责任校对：张硕杰		责任技编：赵相宁	
封面设计：艺点设计			
印　　刷：北京建宏印刷有限公司			
开　　本：889 mm×1194 mm　1/16		印　张：2	
字　　数：45千字			
版　　次：2021年7月第1版		印　次：2021年7月第1次印刷	
定　　价：30.00元			

本书如存在文字不清、漏印以及缺页、倒页、脱页等，请与本社发行部联系调换

主要作者

谈建国	上海市气候中心
许遐祯	江苏省气候中心
姚益平	浙江省气候中心
吴必文	安徽省气候中心
林　昕	福建省气候中心
许　彬	江西省气候中心
陈艳春	山东省气候中心
孙兰东	上海市气候中心
吴　蔚	上海市气候中心
杨涵洧	上海市气候中心
史　军	上海市生态气象和卫星遥感中心
董广涛	上海市气候中心
樊高峰	浙江省气候中心
王　阔	浙江省气候中心
占明锦	江西省生态气象中心
汤子东	山东省气候中心
张　含	浙江省气候中心
李柏贞	江西省生态气象中心
董智强	山东省气候中心
陈　燕	江苏省气候中心
何冬燕	安徽省气候中心
杨　林	福建省气候中心

评审专家

丁一汇　国家气候中心
翟盘茂　中国气象科学研究院
巢清尘　国家气候中心
袁佳双　中国气象局科技与气候变化司
刘洪滨　国家气候中心
居　辉　中国农业科学院农业环境与可持续发展研究所
吴绍洪　中国科学院地理科学与资源研究所
任国玉　国家气候中心
孙　洪　中国 21 世纪议程管理中心

序　言

当前全球气候系统正经历着以变暖为主要特征的显著变化，气候风险持续上升，对全球经济社会发展造成深远影响。同时，世界百年未有之大变局正进入加速演变期，全球性挑战日益上升，气候治理进程更加复杂。中国人口众多，气候条件复杂，生态环境脆弱，极易受到气候变化的不利影响。中国政府高度重视应对气候变化工作，采取强有力的政策措施，在有效控制温室气体排放、增强适应气候变化能力等领域取得了积极成效。2020年9月22日，习近平主席在第75届联合国大会一般性辩论上提出"中国将提高国家自主贡献力度，采取更加有力的政策和措施，二氧化碳排放力争2030年前达到峰值，努力争取2060年前实现碳中和"，更加坚定了中国走绿色低碳道路的信心和决心。

科学评估并准确辨识气候变化及其影响，是应对气候变化工作的基础。中国气象局作为基础性科技部门，先后两次组织开展了区域气候变化评估报告编制工作。第二次区域气候变化评估工作于2017年启动，覆盖华北、东北、华东、华中、华南、西南、西北和新疆八个区域，力求在区域层面更加详尽地反映国内气候变化最新研究进展，提升区域应对气候变化科技支撑能力。

华东区域地处温带和亚热带，濒临东海，经济发达，人口集中，经济发展战略地位凸显。"十四五"期间，华东区域面临着推进长三角一体化发展打造创新平台和新增长极、推动长江经济带协调发展和沿江地区高质量发展、建设美丽海湾等重要战略机遇。华东地区同时也是气候变化影响的敏感区和脆弱区，未来气候变化可能引发更多的极端气候事件，城市发展与节能减排、低碳发展与适应气候变化等面临更大挑战。

在上海市、江苏省、浙江省、安徽省、福建省、江西省和山东省气象部门科技人员的共同努力下，历时三年完成的《华东区域气候变化评估报告：2020 决策者摘要》即将付梓出版。决策者摘要分析了华东区域气候变化的基本事实和未来趋势，评估了气候变化对长三角城市群、华东近海海洋和海洋经济、华东湿地和森林生产力的影响，提出了应对策略和措施选择，以期为促进区域经济社会可持续发展，切实发挥气象部门保障作用。在此，我将本决策者摘要推荐给各级政府决策部门、科技人员以及关心区域气候与环境问题的广大读者，并向为决策者摘要出版做出贡献的科技人员表示衷心感谢！

中国气象局党组书记、局长

2021 年 1 月

目 录

序言

1 引言 ·· （1）
   1.1 意义、范围和结构 ··· （1）
   1.2 资料和方法 ··· （1）

2 气候变化观测事实 ·· （3）
   2.1 基本气候要素变化 ··· （3）
   2.2 极端天气气候事件变化 ··· （5）

3 未来气候变化 ·· （6）
   3.1 未来气候变化趋势 ··· （6）
   3.2 未来极端天气气候事件变化 ·· （7）

4 气候变化对长三角城市群的影响 ··· （9）
   4.1 影响和风险 ··· （9）
   4.2 应对策略和措施选择 ··· （12）

5 气候变化对华东近海海洋和海洋经济的影响 ··························· （13）
   5.1 影响和风险 ··· （13）
   5.2 应对策略和措施选择 ··· （16）

6 气候变化对华东湿地和森林生产力的影响 ······························· （17）
   6.1 影响和风险 ··· （17）
   6.2 应对策略和措施选择 ··· （20）

附录 重要概念 ·· （21）

致谢 ·· （23）

1 引 言

1.1 意义、范围和结构

全球气候变化深刻影响人类的生存和发展,国际社会正共同努力,携手应对气候变化。科学评估气候变化及其影响是客观认识、有效应对气候变化的基础。联合国政府间气候变化专门委员会(IPCC)编制了五次气候变化评估报告、我国先后完成了三次《气候变化国家评估报告》,华东区域2012年完成了第一次《华东区域气候变化评估报告》,为全球、全国和区域应对气候变化,促进社会经济可持续发展提供了重要的科学基础。

全球气候变化对区域的影响不同。华东地区是我国经济最发达、城市化进程最迅猛的区域之一,同时,其海岸线长、海洋经济发达、自然生态环境相对脆弱。未来气候变化可能引发更多、更强的极端天气气候事件,对区域社会经济可持续发展带来很大影响。在中国气象局统一部署下,于2017年启动了《华东区域气候变化评估报告:2020》(以下简称《报告》)的编写工作。《报告》基于区域气候变化事实科学分析,系统梳理国内外相关研究成果,凝练出重要的区域气候变化评估结论,旨在为华东区域各级政府应对气候变化和防灾减灾提供科技支撑。

《报告》所指的华东区域包括上海市、江苏省、浙江省、安徽省、福建省、江西省、山东省共六省一市。《华东区域气候变化评估报告:2020 决策者摘要》(以下简称《决策者摘要》,SPM)是根据《报告》的主要科学结论凝练而成。《决策者摘要》共分6章,第1~3章主要评述华东区域百年来和1961—2017年基本气候要素、高影响天气的变化事实以及未来气候变化趋势;第4~6章围绕长三角城市群、华东近海海洋和海洋经济、华东湿地和森林生产力三个专题开展影响评估,并提出主要的应对策略和措施选择。段落后"{ }"中的内容分别表示详细内容在《报告》中的章节出处,本《决策者摘要》中的图表序号。

1.2 资料和方法

(1)资料

①华东区域379个气象站观测资料;

②全球海洋资料同化系统 GODAS 发布的月平均海洋上层(5米)盐度资料,分辨率 1°×1/3°;

③欧洲中心发布的 ERA-Interim 高精度海表温度再分析资料,分辨率 0.125°×0.125°;

④中等排放情景(RCP4.5)下全球气候模式(HadGEM2-ES)驱动区域气候模式(RegCM4)获得的华东区域气候变化预估数据,分辨率 25 千米×25 千米,预估时段为近期(2020—2035 年)、中期(2046—2065 年)和远期(2081—2100 年)。

(2)评估方法

①采用线性趋势计算、滑动平均、低通滤波、相关性检验等统计方法开展气候变化事实分析;

②采用"风险=致灾因子×暴露度×脆弱性"的风险评估模型,开展长三角城市群气候变化影响和风险评估;

③采用专题研究、模式模拟和文献评估等方法开展气候变化对华东近海海洋和海洋经济、华东湿地和森林生产力等的影响评估。

《报告》共引用 2010 年至今公开发表文献 700 余篇。

专栏 1:不确定性和信度说明

在气候变化研究和评估过程中,不确定性的表述方式一般归纳为两类,第一类是半定量或定性表述,即基于多源数值或结论,给出对应于评估结果及其可靠性的判断;第二类是采用量化指标进行定量表述,即除了给出估算的数值外,还给出利用统计方法计算得到的该数值的置信区间,其中置信区间体现着该数值的不确定性。

参考 IPCC 第五次评估报告和相关研究,本报告对不确定性的表述主要采用第一类方法,即基于证据的类型、数量、质量和一致性(如对机理的认识、理论、数据、模式、专家判断),以及反映学术界共识的程度,以高信度、中等信度、低信度表示评估结论的可靠性。

2 气候变化观测事实

2.1 基本气候要素变化

气温显著上升，区域内增温北部高于南部，冬季增温最为明显(高信度)。1924—2017年，区域平均增温速率 0.16 ℃/10 年，区域内增温幅度 1.0～2.6 ℃。20 世纪 40—50 年代和 80 年代以来为两个显著增暖时段，尤其是 80 年代以来，上海增温速率达 0.95 ℃/10 年，为百年来 30 年滑动增温速率最大值。1961—2017 年，区域各地气温均呈显著增加趋势，平均增温速率 0.24 ℃/10 年，高于 1951—2007 年 0.14 ℃/10 年的增温速率。北部增温高于

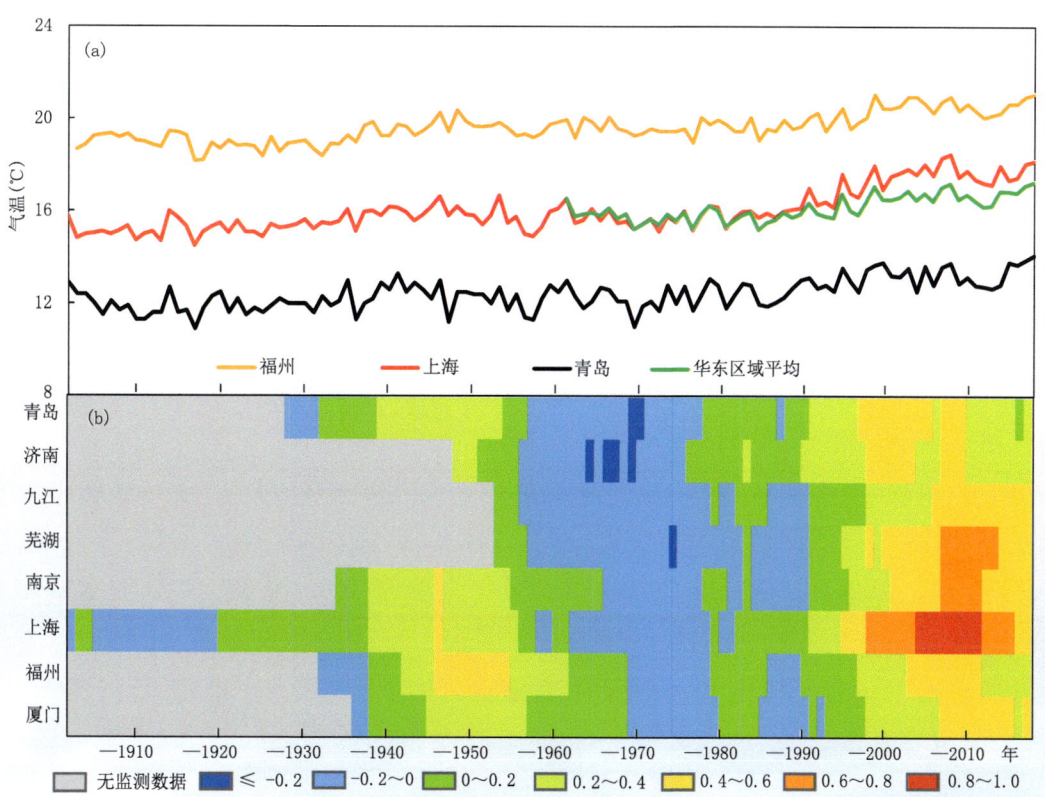

图 SPM.1 福州、上海、青岛和华东区域年平均气温序列(a)和 8 个百年站年平均气温 30 年滑动增温速率(b，单位：℃/10 年；—2010 年表示 1981—2010 年，其他类推)

南部,长三角地区、山东大部增温最快。四季气温均显著增加,冬季增温最明显,冬季、春季、夏季和秋季增温速率分别为 0.33 ℃/10 年、0.25 ℃/10 年、0.11 ℃/10 年和 0.23 ℃/10 年。大部分地区入春和入夏提早、入秋推迟、夏季变长、冬季变短。{2.1,3.1,3.5,图 SPM.1,图 SPM.2(a)}

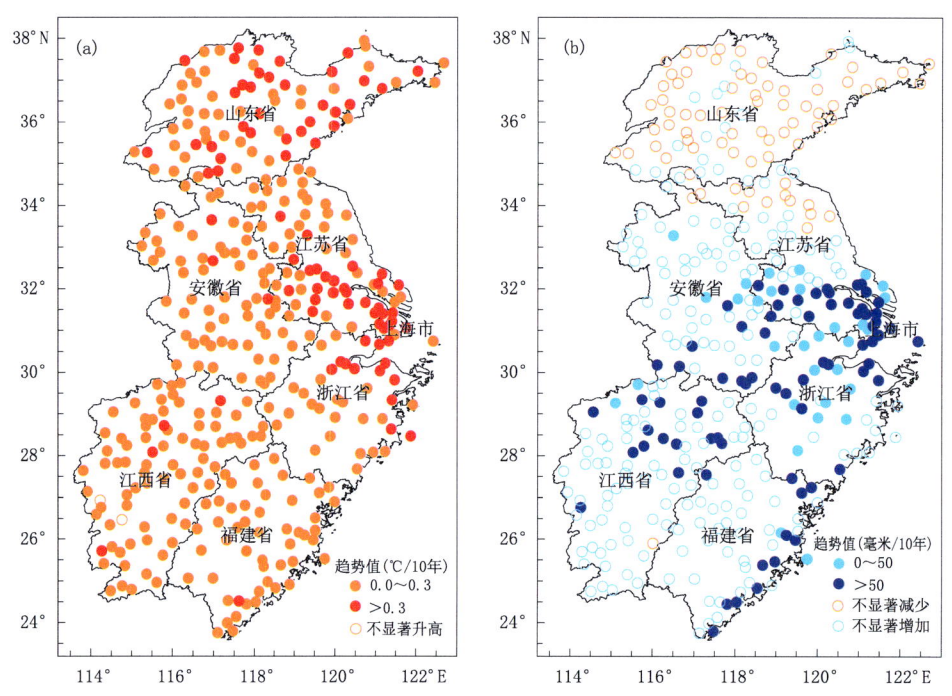

图 SPM.2　1961—2017 年华东区域年平均气温(a)、年降水量(b)的变化趋势分布

(实心点表示变化趋势通过 0.05 显著性检验,空心点表示变化趋势未通过 0.05 显著性检验)

区域温室气体增加,土地利用类型改变与区域增温有关(高信度)。区域内临安大气本底站二氧化碳年平均浓度呈现显著增加趋势,从 2009 年 803.57 毫克/立方米逐年增加至 2017 年的 836.97 毫克/立方米。受城市化发展影响,2015 年与 1980 年相比,华东耕地面积减少了 2.35%,建筑用地增加了 21.3%。长三角地区和山东大部耕地转变为建设用地的比例快速增加,与增温最快区域相对应。{6.1,6.2}

年降水量增加,空间上北部减少、中部沿江和南部沿海地区增加明显,江南区梅雨量和梅雨强度增加显著(高信度)。1924—2017 年,区域平均年降水量略有增加,年际差异增大、极端性增强、涝年趋多。1961—2017 年,降水量冬夏略增、春秋略减,年总降水量增加显著(29.1 毫米/10 年),20 世纪 80 年代后暖湿特征明显。空间上北部减少、中部沿江和南部沿海地区增加显著。江南区梅雨量和梅雨强度分别以 21.4 毫米/10 年和 0.13 毫米/天的速率增加,2020 年上海梅雨期长度、梅雨量和梅雨期暴雨日数为 2000 年以来第一位;淮北雨季长度每 10 年缩短 1.7 天。{2.2,3.2,4.2,4.3,图 SPM.2(b)}

平均风速和日照时数显著减少(高信度)。全年和各季节平均风速都显著减少,年平均风速每 10 年减少 0.20 米/秒,20 世纪 90 年代以后风速减少趋缓,春季减少最明显。区域内大部分地区风速一致性显著减小,北部减小速率快于南部地区;高山地区风速亦呈明显减少趋势。夏、秋、冬三季和年总日照时数显著减少,年减少速率61.3小时/10年;高山地区日照时数也呈减少趋势。{3.3,3.4}。

2.2 极端天气气候事件变化

高温日数显著增多,低温日数显著减少,暴雨极端性增加(高信度)。 区域平均高温日数每10年增加1.14天;高温初日显著提前、终日显著推后;极端最高气温2000年以后屡破历史极值;长三角东部和福建沿海地区高温日数增加最多,每10年增加3天以上。低温日数每10年减少3.31天,20世纪90年代以后减少速率趋缓;空间上北部减少更明显。极端最低气温一致升高,沿江以北地区升高最明显,但低温雨雪冰冻天气仍时有出现。2008年冬季区域内遭遇低温雨雪冰冻天气,安徽和江西两省最长连续冰冻日数长达11天,是1951年以来的最大值,超过百年一遇的强度。区域平均暴雨日数、最大日降水量和1小时最大降水量均显著增多,增速分别为0.21天/10年、2.06毫米/10年和0.85毫米/10年;空间上暴雨日数、最大日降水量和1小时最大降水量均呈北部减少、中南部增加趋势。1961—2017年无降水日数每10年增加2.81天,江西和福建北部增加30天以上,干旱概率增大。{5.1,5.2,5.3,5.6}

影响华东区域的热带气旋频数显著增加,登陆时最大强度显著增强,热带气旋导致的强降水显著增加,风速显著减小(高信度)。 影响华东区域的热带气旋频数以每10年0.61个显著增加,但登陆华东区域热带气旋频数没有显著变化;登陆华东区域时的最大强度(中心最低气压)以每10年2.0百帕显著增强。热带气旋导致的强降水以每10年0.37毫米的速率显著增加,风速以每10年0.42米/秒的速率显著减小。{5.7}

3 未来气候变化

3.1 未来气候变化趋势

中等排放情景下,华东区域气温将继续上升,空间上北部增温高于南部(高信度);降水量略有增加(中等信度)。至 21 世纪末,气温平均每 10 年增加 0.3 ℃,相对于历史基准时期(1986—2005 年),近期(2016—2035 年)、中期(2046—2065 年)和远期(2081—2100 年)增温幅度分别为 0.8~1.6 ℃、1.4~2.6 ℃ 和 2.2~3.5 ℃;各季平均气温均升高,冬季增温最快,每 10 年增加 0.36 ℃;空间上增温由南向北递进,南部、中部和北部每 10 年增温分别为 0.26 ℃、0.29 ℃ 和 0.32 ℃。年降水量南部和北部变化不明显,中部增加显著,到 21 世纪末增幅达 10%;春季和夏季增幅明显,到 21 世纪末增幅分别达 16% 和 15%。{7.2,图 SPM.3}

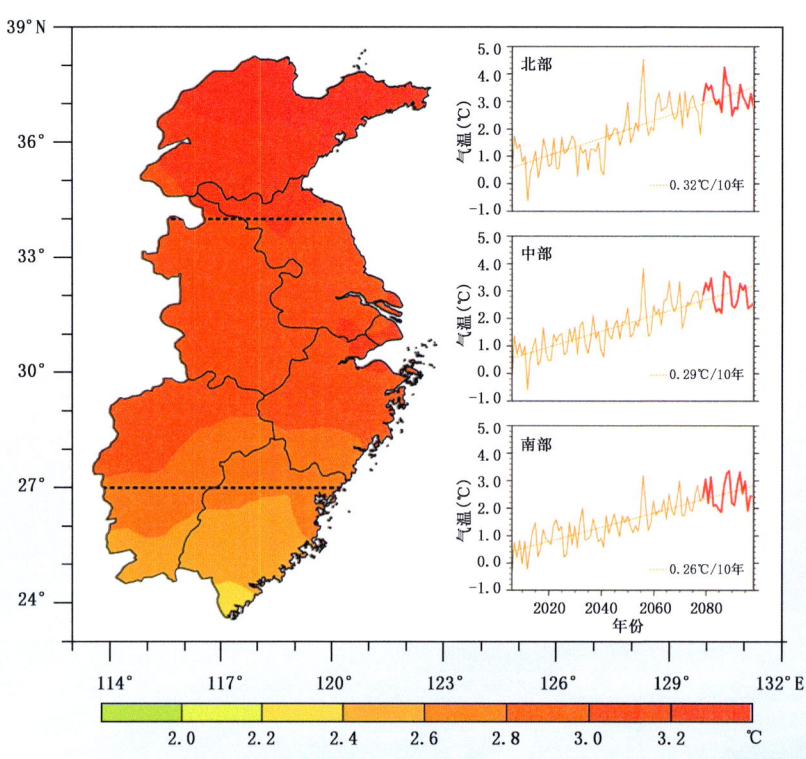

图 SPM.3　中等排放情景下 21 世纪末相对历史基准时期增温幅度空间分布及华东北部、中部及南部增幅幅度逐年变化(其中 21 世纪末以红色实线标出)

专栏 2：排放情景和气候模式说明

1. 排放情景

利用气候模式预估未来全球和区域气候变化，需要基于对未来温室气体、气溶胶和化学活性气体的浓度以及土地利用/土地覆盖状况的估算，即排放情景。排放情景源于一系列对未来全球社会经济发展路径的假设，涵盖人口增长、经济发展、技术进步、环境变化、全球化、公平原则等方面。典型浓度路径（RCP）即由多种未来发展路径构建的排放情景系列之一，其中 RCP2.6 代表低排放情景——有三分之二可能性将 21 世纪末全球变暖控制在 2.0 ℃ 以内（与工业化前相比，下同）；RCP8.5 代表高排放情景——全球不采取任何应对气候变化政策措施，从而导致大气中温室气体浓度持续大幅增长，到 21 世纪末全球变暖程度可能达到 3.2~5.4 ℃；RCP4.5 和 RCP6.0 代表中等排放情景，对应于中等温室气体排放，到 21 世纪末全球变暖程度分别为 1.7~3.2 ℃ 和 2.0~3.7 ℃。本次评估主要采用 RCP4.5 中等排放情景。

2. 气候模式

根据基本的物理定律，确定能够反映气候系统中各个分量演变特征的数学方程组，并将其在计算机上实现程序化后，就构成了气候模式。气候模式可以用来描述气候系统、系统内部各个组成部分及各个部分之间、各个部分内部子系统之间复杂的相互作用，已经成为认识气候系统行为和预估未来气候变化的定量化研究工具。

3.2 未来极端天气气候事件变化

未来高温热浪和极端降水事件增加（高信度）。未来高温日数持续增加，华东南部高温热浪风险明显增加。到 21 世纪末，年高温日数较历史基准时期增加 40~55 天，南部地区增加最为明显（增加 52~55 天）。年低温日数较历史基准时期减少 12~15 天，北部地区减少最为明显（减少 15 天左右）。年暴雨日数北部和南部略有增加，中部地区增加最为明显，可增加 1.5 天。{7.2，表 SPM.1}

表 SPM.1 中等排放情景下 21 世纪不同时段（近期、中期及远期）华东地区北部、中部及南部的相对于历史基准时期极端气温日数和极端降水日数的变化

		近期（天）	中期（天）	远期（天）
高温日数	北部	17.17	33.25	44.49
	中部	16.03	27.53	38.39
	南部	18.01	34.74	53.47

续表

		近期(天)	中期(天)	远期(天)
低温日数	北部	−5.56	−10.91	−14.53
	中部	−4.45	−9.60	−13.92
	南部	−3.79	−8.23	−11.90
暴雨日数	北部	0.28	−0.00	0.21
	中部	0.35	0.37	1.53
	南部	−0.03	−0.01	0.11

4 气候变化对长三角城市群的影响

长三角区域包括上海、江苏、浙江、安徽三省一市,面积 35.8 万平方千米,2017 年地区生产总值 19.6 万亿元,人口总量 2.2 亿,分别约占全国的 3.7%、23.7% 和 16.1%。长三角城市群由以上海为核心、联系紧密的 26 个城市组成,是中国人口密度最大、经济最发达、城镇集聚程度最高、综合交通最繁忙的城市化地区,也是"一带一路"与长江经济带的重要交汇地带。长三角 26 个城市大多滨江临海,近年来气候变暖、海平面上升,高温热浪和洪涝灾害频繁发生,未来气候变化可能引发更多的极端气候事件,对长三角城市群的防汛、能源、交通和通信等领域带来更大影响,城市群抵御自然灾害的脆弱性加大。

4.1 影响和风险

长三角区域暴雨日数和台风影响频数增多,降水极端性增强,城市内涝压力加大,沿海城市出现风、暴、潮、洪"四碰头"不利情况,城市防汛面临严峻挑战(高信度)。长三角区域暴雨多发生在长江沿岸和东南部沿海地带,呈现"西部多于东部、沿海城市高于内陆"的分布特征。暴雨日数和日最大降水量均一致增多,沿江和沿海城市增速快于其他城市(南通和马鞍山暴雨日数分别以 0.44 天/10 年和 0.47 天/10 年增加;常州和舟山日最大降水量每 10 年分别增加 9.47 毫米和 8.43 毫米)。影响长三角区域的台风频数增多,2018 年 30 天内有 3 个台风登陆上海。台风和暴雨易造成城市内涝,对城市给排水、交通等造成较大的影响。2007—2017 年,台风和暴雨洪涝给长三角区域造成的直接经济损失呈增长趋势,年平均直接经济损失分别达到 154.1 亿元和 140.0 亿元,其中 2013 年台风造成的直接经济损失高达 612.7 亿元,2016 年暴雨洪涝造成的直接经济损失达 563.7 亿元。2013 年 10 月 6—8 日台风"菲特"带来罕见的大风和大暴雨天气,浙江 874.25 万人受灾,因灾死亡 7 人,失踪 4 人,直接经济损失高达 275.58 亿元;上海则因台风"菲特"影响期间恰逢农历天文大潮和上游洪水下泄,首次出现有气象记录以来风、暴、潮、洪"四碰头"的不利情况,导致中心城区 1177 条道路积水,2 人死亡,直接经济损失 3.7 亿元。{8.2.2,8.2.4}

高温热浪频繁发生,进入 21 世纪多个城市极端最高气温突破历史纪录,城市最高用电负荷屡创新高(高信度)。长三角区域高温日数每年平均 15.6 天,以每 10 年 1.95 天的速率增加,高温日数呈现明显上升趋势。空间上各城市的高温日数均显著增多,上海、苏州、杭州、宁波等东部城市增加最快。城市化发展、城市热岛效应导致城市高温热浪趋多趋强。1961—2017年上海城市热岛经历了缓慢上升(1961—1986年)、快速增长(1987—2004年)和明显减缓(2005—2017年)三个阶段,城市热岛范围由中心城区向四周及西南方向扩展。2010年以来,多个城市极端最高气温和年高温日数突破历史极值。2013年7—8月,长三角区域遭受1951年以来最强高温热浪袭击,浙江新昌极端最高气温高达44.1 ℃,上海中心城区高温日数达47天,连续高温造成上海市日最高用电负荷和中心城区日最大供水量均破历史纪录。2017年夏季上海徐家汇站日最高气温(40.9 ℃)和37 ℃以上酷暑日持续时间(11天)均创1873年有气象记录以来同期之最,7月上海日最高用电负荷达3252万千瓦,再创历史纪录。{8.2.3}

霾日增多,霾多发季节由冬季向春季、秋季扩展,霾日数季节差异缩小(高信度)。长三角区域内杭州、南京、湖州、绍兴年平均霾日达到30天以上,上海、扬州、宣城和无锡的霾日为20天以上;宁波、金华和滁州霾日在5天以下。1961—2013年,长三角区域霾日呈持续上升趋势,霾的多发季节由冬季扩展至春季、秋季,夏季也时有发生,霾日频数季节差异缩小。2013年12月上旬,长三角区域遭遇大范围严重雾霾天气,致使空气质量变差,影响人体健康,雾霾天气也造成上海船舶进出受阻,轮渡停航,多条高速公路封闭。{8.2.5}

气候变化严重影响城市防汛、交通、能源和通信等重大基础设施领域,城市应对灾害自然抵抗力下降,防御性工程设施抵抗力减弱,各城市敏感领域和综合风险等级不同(高信度)。快速城市化过程导致建设用地快速增长,城市不透水面增加,绿化覆盖率下降,城市自然生态空间减少,城市应对灾害的柔性降低,自然抵抗能力下降。同时,应对气象灾害工程性设施建设不平衡,超大城市、大城市较为完善,中小城市工程性设施相对缺乏;且防御性工程措施建设标准未随气候的变化进行适应性调整,抵抗能力减弱。如上海一年一遇小时降雨量已经由35.5毫米增加到38.2毫米,3年一遇和5年一遇的暴雨标准也分别提升了2.2毫米和1.5毫米。而目前上海大部分区域仍是一年一遇(35.5毫米/小时)的城镇排水能力,这给城市排水管道、泵站等基础设施的正常运行带来了较大的压力。长三角6个典型城市中,气候变化对上海、南京和合肥交通领域、宁波和镇江防汛领域、杭州通信领域的影响最大。上海呈现"高暴露度、低脆弱性"的特征,综合影响程度中等偏低;杭州和南京呈现"中高暴露度、中等脆弱性"的特征,综合影响程度中等;合肥和宁波呈现"中等暴露度、中高脆弱性"特征,综合影响程度中等偏高;镇江呈现"中高暴露度、中高脆弱性"特征,综合影响程度高。{8.3.2,8.3.3,8.3.4,表SPM.2}

表 SPM.2　长三角区域典型城市重大基础设施领域受到的气候变化影响及未来风险

城市	防汛		交通		能源		通信		民政建筑		综合影响	
	当前	未来	当前	未来	当前	未来	当前	未来	当前	未来	当前	未来
上海	🟡	🔴	🟡	🔴	🟡	🔴	🔵	🟡	🟡	🟡	🟡	🟡
南京	🔴	🔴	🔴	🔴	🟡	🔴	🔴	🔴	🟡	🟡	🟡	🟡
镇江	🔴	🔴	🟡	🔴	🟡	🔴	🟡	🔴	🟡	🔴	🟡	🔴
杭州	🔴	🔴	🟡	🔴	🟡	🔴	🟡	🔴	🟡	🔴	🟡	🔴
宁波	🟡	🔴	🟡	🔴	🟡	🔴	🔵	🟡	🟡	🔴	🟡	🔴
合肥	🔴	🔴	🟡	🔴	🟡	🟡	🟡	🔴	🔵	🟡	🟡	🔴

注：🔵 为低风险；🟡 为中风险；🔴 为高风险

未来长三角区域气候灾害风险将持续增大，城市重大基础设施领域的暴露度和脆弱性均增大，综合气候风险增加，对长三角区域高质量一体化发展构成潜在威胁（中等信度）。预计未来长三角区域气候风险将继续增大，长三角区域各城市的日最高气温和高温日数将显著增加，南部城市高温日数增加更为显著，高温热浪频次增多。长三角区域极端降水量占比呈增加趋势，强降水日数呈现北部地区增加而南部地区减少趋势，未来强降雨小时数增加，小时极端降水显著增加，降水极端性增强。未来西北太平洋热带气旋总数可能减少，但是强热带气旋将可能增加。未来城市重大基础设施领域的暴露度和脆弱性均增大，上海通信领域、杭州和南京交通领域、合肥能源领域、宁波和镇江防汛领域的暴露度明显增加，而上海交通领域，杭州、合肥和宁波通信领域，南京能源领域和镇江防汛领域的脆弱性将明显增加，各城市综合风险总体增加。{8.2.2，8.2.3，8.2.4，8.3.3，图SPM.4}

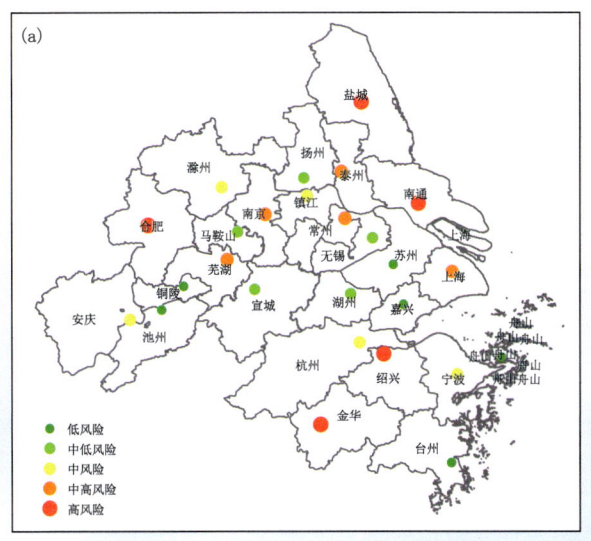
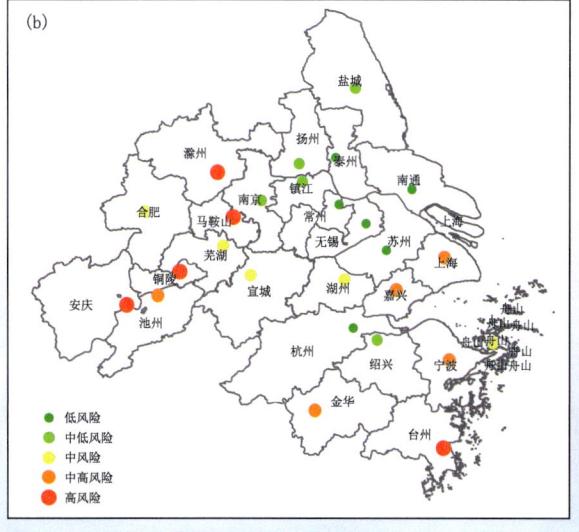

图 SPM.4　未来（2046—2065年）长三角城市群暴雨洪涝灾害风险（a）和高温灾害风险（b）分布

4.2 应对策略和措施选择

充分考虑气候风险,科学规划和更新设计标准。①充分考虑气候变化的影响,制定气候变化适应技术导则,提高城市排水管网,流域、区域性防洪(潮)除涝,地铁建设等设计标准,明确气象灾害防御设计参数的气候变化增量;②参考"海绵城市"规划理念,合理规划建设城市水体、绿地、可渗透路面等城市设施;③城市规划中充分考虑气候因素,合理规划绿色廊道、通风廊道和城市建筑物材料、密度与高度。{8.4}

从源头上防控风险,降低基础设施脆弱性。①防汛领域:增强雨水自然下渗和净化能力,因地制宜设置下凹式绿地;加强长江口战略储备水源地的前期研究,提高水源地避咸蓄淡能力;②能源领域:将气象探测网、电网、热网、天然气管网等信息形成智慧能源网络,提升能源需求预测、抗灾应急响应等业务的时效性和准确度;③交通领域:建设气候适应性智能化交通运行协调和应急指挥系统,完善城市交通管理信息系统;④通信领域:加快推进通信架空线入地和合杆建设,降低恶劣天气对重要通信基础设施的影响;进一步完善新一代信息通信基础设施建设布局。{8.4}

适应气候变化与灾害风险管理相融合,提高城市安全运行的恢复力。①将适应气候变化与灾害风险管理相融合,纳入城市精细化管理;②深化开展城市气候变化监测、检测、预估、影响研究,探索建立城市气候服务,为城市适应气候变化和防灾减灾提供科学支撑;③建立一套由灾害保险、再保险、风险准备金和非传统风险转移工具所共同构成的金融管理体系的风险分担和转移机制。{8.4}

5 气候变化对华东近海海洋和海洋经济的影响

华东近海海洋是海上丝绸之路经济核心区,海岸线长、海域辽阔、岛屿众多,大陆海岸线超过1万千米,占全国的55.6%,海域面积达61万平方千米,岛屿4530多个。拥有丰富的自然资源,我国十大渔场中有6个位于华东近海,舟山渔场是我国最大的渔场。区域内有众多重要沿海港口,2018年全球港口货物吞吐量排名前十的港口中,华东区域占4席,宁波舟山港和上海港分列第一和第二。气候变化导致海温升高、盐度上升和海洋酸化等海洋生态环境问题日益严重,海平面上升、风暴潮和有害藻华等海洋灾害加剧,给华东海洋经济发展带来了巨大的威胁。

5.1 影响和风险

近海海表温度增加,部分海域海洋热浪严重;上层盐度北部略增、南部略减;海表酸化速率明显加快,近海海域酸化更为显著,对海洋生态系统影响加剧(高信度)。1980—2017年,华东近海海域平均海表温度以0.18℃/10年的速率上升,各季节均呈增暖趋势,冬、春季增温较明显。远海增温速率高于近海,渤海、东海和台湾岛以东洋面海洋热浪较为严重。近海上层盐度总体变化趋势不明显,但存在较明显的年代际变化。20世纪80至90年代中期近海盐度为下降趋势,1995年盐度最低(34.26克/千克);随后至2005年呈上升趋势,在2005年盐度达到最高值(34.54克/千克);2010年以来盐度逐渐降低。空间上,28°N以北海域盐度呈弱上升趋势,28°N以南呈弱降低趋势。1980—2017年,近海海表平均pH由8.13减小至8.06;酸化速率明显加快,pH的减小速率从20世纪80年代的0.017/10年上升到21世纪10年代的0.022/10年。海洋酸化会造成海水中碳酸根离子浓度降低,严重威胁珊瑚、贝类等钙化生物和底栖生物生存环境,破坏海洋生态系统。{9.1.1,9.1.2,9.1.3,图SPM.5}

近海海平面上升,风暴潮、灾害性海浪加重;海岸侵蚀,地下水咸化、咸水入侵加剧,东海海域赤潮频繁发生(高信度)。1981—2015年长江三角洲海平面上升速率为24毫米/10年;2000年以来华东沿海海平面较常年偏高,其中浙江较常年偏高93毫米,福建、江苏和山东三省较常年分别偏高78毫米、58毫米和54毫米。东海沿岸受风暴潮灾害影响严重,2000年后风暴潮发生频次增加,浙江省大于50厘米的风暴潮发生频次由1950—2000年每年1.0~1.5

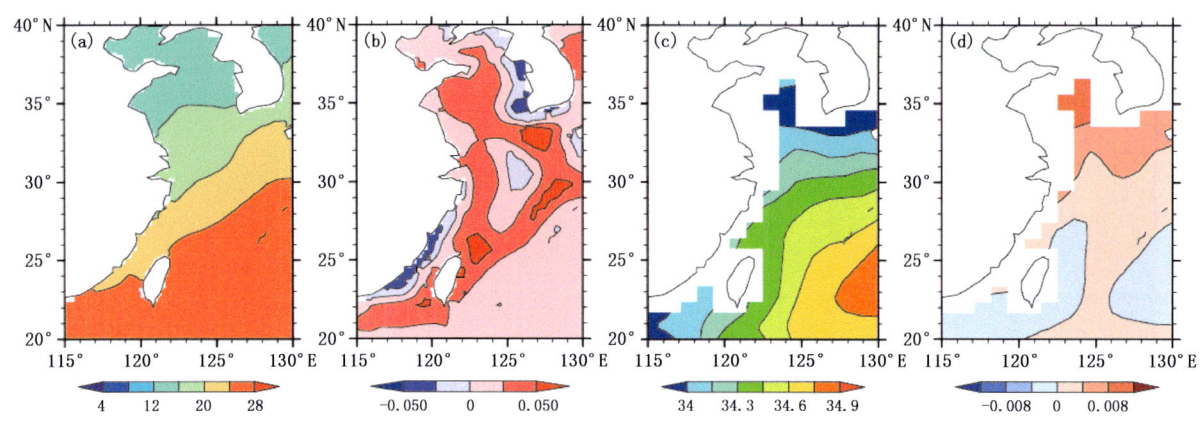

图 SPM.5　1980—2017 年华东近海平均海表温度(a,单位:℃)及其变化趋势分布(b,单位:℃/年);上层(5 米)盐度(c,单位:克/千克)及其变化趋势分布(d,单位:(克/千克)/年)

次增长至 2005 年前后的 3.5 次。1997—2016 年,福建北部海岸台风浪高极值的增长速率可达 0.5 米/10 年,灾害性海浪加重。海平面上升引起海岸侵蚀后退和咸水入侵。2015—2017 年上海、山东、江苏、福建的海岸侵蚀岸线长度占其软质海岸的比例分别为 35％、30％、30％、21％。沿江、沿海地区大面积地下水咸化,山东省滨海地区海水入侵严重,2017 年山东潍坊海水入侵最大距离 25.38 千米,重度海水入侵的最大距离为 24.74 千米。2014 年 2 月 8—20 日长江河口发生了近 50 年一遇的极端盐海水入侵,11—13 日堡镇水文站的最大盐度达到 20 克/千克。海温升高造成沿海富营养化加重,东海海域赤潮频繁发生,21 世纪初东海赤潮年均发生 51 次,是 1981—2000 年的 6.4 倍。{9.2.1,9.2.2,9.2.3,9.2.5}

气候变化通过改变海洋环境,对鱼群结构和栖息地产生影响,对近海渔业和海水养殖既有一定促进作用,也有不利影响(高信度)。近海海温持续上升,导致溶解氧(O)、氮(N)、磷(P)等营养物质浓度发生巨大变化,近海鱼类生物优势种发生转换,高营养层次及主要经济鱼种营养级呈降低趋势,小型中上层鱼类自 20 世纪 80 年代以来已替代了带鱼、小黄鱼成为优势种。渔业资源群落平均营养级下降,1959—2011 年,莱州湾渔业资源群落平均营养级以每 10 年 0.19 的速率下降,从 4.4 下降至 3.4。海温升高、海洋酸化以及东亚季风和冲淡水引起的海水盐度变化,导致近海鱼群栖息地发生改变,对冷水性鱼类的影响大于暖水性鱼类,东、黄海鲐鱼和近海日本鲭、鳀鱼等栖息地有明显北移现象。海温升高促进鱼类产卵群体的性腺发育,增加产卵群体的数量,水产养殖期延长、养殖产量提高,暖水性海产品的养殖范围由低纬度海区向高纬度海区扩展,经济价值高的大黄鱼养殖范围由福建沿海扩增至江苏、山东沿海。另一方面,海温升高会造成海带等冷水性大型经济海藻养殖范围减小,还会引发海产品病害,导致产量减少、品质下降。受高温影响,2008 年秋福建沿海养殖坛紫菜发生大面积病烂,福鼎市坛紫菜病烂率达 80％。{9.3.1,9.3.2}

海平面上升减弱沿海港口功能,沿海大雾和大风灾害对航运船只威胁大,不利于航运经济发展(高信度)。海平面上升影响海岸带侵蚀沉积的动态平衡,导致泥沙淤积,引起航道淤塞,航道水深变浅,减弱港口功能,从而影响航运经济的发展。1916—2010 年,长江河口航道北支拦门沙由口外向口内逐渐移动并演变为口内巨型沙坎,北港拦门沙滩顶向下游移动了近 30 千米,南槽拦门沙滩顶向下游移动了约 14 千米。沿海大雾和大风是影响航运的制约因素,大雾降低海上能见度,使航运船只停运、搁浅、触礁或发生相撞事故;海上大风引发船舶沉没、造成人员伤亡和经济损失。华东各沿海港口历年雾日数变化不一致。1961—2017 年福建厦门港雾日呈增多趋势,福州港呈减少趋势,各海港年平均雾日数为 20～30 天,多雾年份可达 40～60 天。华东沿海大风日数呈下降趋势,海上大风对航运经济的影响有所减弱,但影响华东区域的台风频数增多,对航运经济不利。2016 年第 14 号台风"莫兰蒂"以强台风级在福建厦门登陆,登陆时中心附近最大风速 52 米/秒,厦门—金门航线、泉州—金门航线、"两马"航线(马尾—马祖)、黄岐—马祖航线、平潭对台直航客滚轮全线停航。{9.3.3}

未来海表温度升高,海洋盐度增加,酸化加剧,海平面上升,海岸持续退化,风暴潮、有害藻华等灾害加重,影响近海渔业发展,威胁港口安全和近海航运(中信度)。中等排放情景下,华东近海海表温度在 21 世纪 30 年代、60 年代和 90 年代将分别比 1970—2005 年增温 1.0 ℃、2.0 ℃和 3.0 ℃。21 世纪末海表盐度将比 1980—2005 年增加 0.3 克/千克,长江口外部海域变化较大;海表海水 pH 减少 0.16,酸化加剧。21 世纪中期,山东、江苏、上海、浙江和福建相对海平面将分别上升 80～170 毫米、70～150 毫米、70～150 毫米、70～155 毫米和 70～140 毫米。未来气候变化破坏近海海洋生态系统,近海海域有害藻华发生频率增加,鱼类群落营养等级降低、暖水性鱼类栖息地北移。海平面持续上升导致海岸持续退化、低地淹没、咸水入侵和风暴潮等灾害加重,对港口安全和近海航运带来巨大威胁。21 世纪末,上海风暴潮最高潮位可达 7 米,超出千年一遇 6.68 米的设计标准,上海一半区域将受风暴潮影响,46% 的海塘和防汛墙可能漫顶。{9.1,9.2,9.3,表 SPM.3}

表 SPM. 3 气候变化对近海海洋和海洋经济的影响和未来风险

近海海洋和海洋经济				
气候与海洋环境因子		影响及风险		
	观测	未来	现状	未来
海表温度	显著增加	显著增加	鱼群结构 群落营养等级降低	群落营养等级降低
海表盐度	略微减小	略微增加	鱼群栖息地 北移	北移
海表酸度	显著增加	显著增加	渔业产量 增加	增加
海平面	上升	上升	养殖范围 暖水性海产品向高纬度扩张	暖水性海产品向高纬度扩张
台风风暴潮	增加	增加	水产养殖 养殖期延长、产量增加	养殖期延长、产量增加
灾害性海浪	增加	增加	沿海港口 功能减弱、安全性降低	功能减弱、安全性降低
有害藻华	增加	增加	近海航运 影响减弱	影响减弱

5.2 应对策略和措施选择

提高近海海洋适应气候变化能力。①开展沿海洪水、风暴潮、热带气旋等海洋环境灾害风险观测,加强沿岸堤防、跨海工程等重大基础设施建设标准适应性研究;②建立健全适应气候变化的海洋环境观测预报和突发灾害的预警体系,提高海洋环境气象灾害应急响应和风险管理能力;③做好近海核电工程、大型海岸工程和跨海工程等工程建设的气候可行性论证。{9.4.1}

拓展海洋气象应用服务能力。①利用沿海与海岸带气候资源特点,指导沿海滩涂、浅海、外海的多层次开发,发展海洋生态健康养殖模式,促进名优特海产品的近海养殖,实现渔业资源的可持续发展;②发展精准先进的全球海洋气象智能网格预报,全方位开展近海港口、航运、海洋生态、海洋渔业、海洋生产等专业化、个性化的海洋气象服务。{9.4.2,9.4.3}

6 气候变化对华东湿地和森林生产力的影响

华东区域湿地资源丰富,中国五大淡水湖有四个位于华东,包括江西省的鄱阳湖、江苏省的太湖和洪泽湖,以及安徽省的巢湖,根据2014年第二次全国湿地资源调查结果,华东区域湿地面积约为895.79万公顷,占全国湿地面积的16.8%。生物资源种类多、数量大;森林覆盖率高达40.4%,2018年森林面积32.65万平方千米,其中福建省、江西省森林覆盖率分别位居全国第一和第二。在全球气候持续变暖的背景下,华东区域极端天气气候事件频发,自然生态系统受到诸多影响,湿地生态环境总体呈轻度脆弱状态,气候变化对华东森林生态系统生产力的影响总体上是正效应,但是极端事件的影响仍然不能忽略。

6.1 影响和风险

区域湿地水资源总量呈上升趋势,年际波动较大,供需矛盾加剧;蓝藻水华发生频次增加,水质面临严峻考验(高信度)。 鄱阳湖和太湖是华东最大两个淡水湖,鄱阳湖和太湖流域2000—2018年平均水资源总量分别为1548亿立方米和214亿立方米。由于长江中下游年总降水量呈增加趋势,鄱阳湖和太湖流域水资源总量总体上分别以9亿立方米/年和10亿立方米/年速度增加。伴随着流域降水量变化,水资源总量年际波动幅度较大,流域水资源调度管理困难和水资源开发利用压力增大。鄱阳湖流域水资源开发利用程度逐年上升,2011年鄱阳湖水资源总量不及2010年一半,已经突破20%的中高压力线,经济、生活和生态用水量的增加导致流域用水压力持续增加。2000年以来,太湖、巢湖蓝藻水华发生频次显著增加,累计面积明显增大;鄱阳湖、太湖等主要湖泊总氮、总磷呈明显增长趋势,枯水季节污染物含量剧烈变化现象更为明显。2007年5—6月太湖暴发严重蓝藻污染,造成无锡全城自来水污染,居民用水安全受到严重威胁。{10.2.1,图SPM.6}

旱涝事件频繁发生,湿地水体和草滩面积年际变化增大;人工湿地植被覆盖面积增加,天然湿地比重降低。植物群落物种多样性水平下降,湿地植被分布高程下移,湿生植物数量下降、生物量减少,生物多样性受到威胁(高信度)。 基于近20年来卫星遥感资料,鄱阳湖主体及附近水域面积、湖口水位变化显著;湿地水体和草滩面积年际间变化增大。2019年12月鄱阳湖湿地水体面积为898平方千米,较历史同期偏小47%,创历史新低。湿地植被及

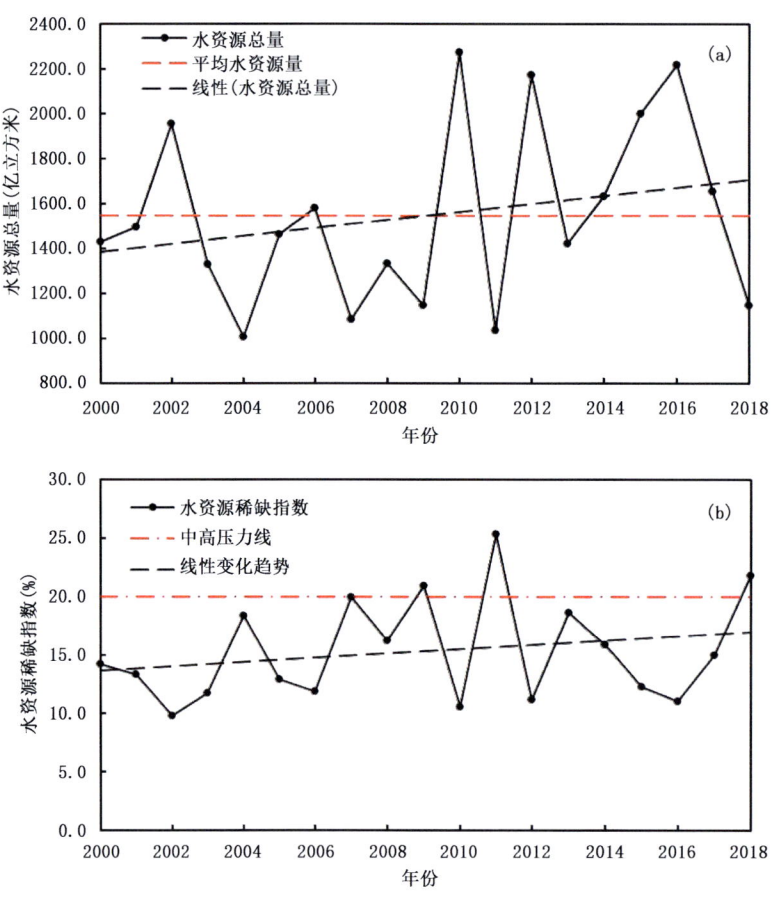

图 SPM.6　2000—2018年鄱阳湖流域水资源总量(a)和水资源稀缺指数(b)变化

分布格局发生变化,湿地植被群落总面积减少,鄱阳湖2013年湿地植被面积1661平方千米,比1983年减少601平方千米。湿地植被类型与优势种群变化,湿地植被分布高程下移。湿生植被向湖底低水位区和高水位区延伸,沉水植被空间大大减少,水车前、微齿眼子菜等环境敏感的物种逐步减少。湿地植被带下移、湖区退水提前等湿地退化现象导致越冬候鸟栖息地面积萎缩,种类减少;部分鸟类分布范围向北延伸,迁飞距离缩短,可能导致鸟类种群数量减少,灭绝风险增加。湖泊湿地生态环境整体呈现轻度脆弱状态,2000年以后随着流域管理水平的提高和退田还湖还林的执行,湖泊湿地生态环境整体呈现明显的改进。{10.2.2,10.2.3,10.2.4,表SPM.4,图SPM.7}

表 SPM.4　鄱阳湖主体及附近水域面积和湖口水位

时间(年-月-日)	水域面积(平方千米)	湖口水位(米)
2019-12-02	898	7.69
2019-11-22	946	8.28
2017-03-02	908	8.59
2017-11-26	1598	9.39

续表

时间（年-月-日）	水域面积（平方千米）	湖口水位（米）
2016-11-28	1809	11.17
2015-12-16	2201	12.70
2014-12-06	1513	10.47
2012-12-06	1862	11.24
2011-12-03	1477	9.26
2010-12-08	1491	8.11
2009-11-24	1538	8.44
平均值	1686	10.09

图 SPM.7 气候变化对湿地和森林生产力的影响和未来风险

气候变暖、二氧化碳（CO_2）浓度升高及氮沉降有利于华东森林生产力增加，但是极端事件的影响依然不能忽略（中等信度）。 气候变化对华东森林生态系统生产力的影响总体上是正效应，植被净初级生产力（NPP）和森林碳库呈现增加趋势，植被生态质量持续改善。CO_2 增加产生的施肥效应使华东森林 NPP 在 1970—2010 年增加 10.3%，且随着 CO_2 浓度的增加，CO_2 施肥效应更为明显。1990 年以来，氮沉降对森林 NPP 的增加作用甚至超过 CO_2 施肥效应。2000—2018 年江西省植被覆盖度累计提高了 18.4%。2018 年，江西省植被覆盖度为近 20 年最高，植被指数为近 20 年次高，相对 2000 年 NPP 提高了 14.7%，为 2000 年以来最好。但是极端气候事件对森林生产力有一定影响。季节性干旱显著影响森林的碳吸收，导致针叶林固碳能力显著下降，森林生产力降低。低温雨雪冰冻灾害同样影响森林生态

系统,冰冻雪灾导致的树木死亡对森林生产力影响的滞后时间比干旱更长{10.3.1,图SPM.7}

未来温度升高,降水增加,湿地生产力增加,森林生物多样性下降,湿地和森林生态功能趋于减弱。 未来随着温度升高和降水的增多,华东湿地面积扩大,生产力进一步增加。极端洪涝和干旱事件可能会对湿地生态造成更加严重的影响(中等信度)。未来大气 CO_2 浓度持续上升,但是极端事件增加会抵消大气 CO_2 肥效,森林生产力不会有明显变化(中等信度)。气候变化使森林植被群落物候期提前、枯黄期推迟,森林类型和物种都向更高纬度及更高海拔地区迁移,区域内阔叶林将增加,针叶林将减少(高信度)。气温升高可能导致一些稀有物种灭绝,造成生物多样性下降,最终影响其生态功能(中等信度)。{10.2.1,10.3.1,10.3.4,图SPM.7}

6.2 应对策略和措施选择

强化湿地和森林监测、评估和预警能力。 ①建立湿地监测体系,强化湿地监测、评估和预警能力建设,完善湿地资源信息管理系统;②开展《湿地公约》宣传教育活动,提升决策部门对湿地重要性的认知,加强湿地保护和合理利用;③加强气象监测预警能力,构建蓝藻水华监测预警系统;④加强森林和湿地自然保护区建设,保护生物多样性;⑤建立生态水利枢纽工程,保障生态需水。{10.4}

附录
重要概念

气候变化：气候系统状态在数十年或百年甚至更长时间尺度上的变化，而且这种变化可以通过其特征的平均值和/或变率的变化予以识别。

气候变化评估：对特定地区在某段时期气候状态的改变及其自然和人为原因进行辨识、分析和评价的过程。

气候变化预估：根据一些假设条件对未来的气候演化趋势及其可能性的判断，特指依据不同的温室气体和气溶胶排放或大气浓度的可能情景，利用气候模式对未来十几年到上百年的气候变化趋势的模拟和分析。

极端天气气候事件：天气或气候变量值高于（或低于）该变量观测值区间的上限（或下限）端附近的某一阈值时的事件，其发生概率一般小于 10%。

梅雨：在中国长江中下游地区和台湾地区、日本中南部、韩国南部等地，每年 6、7 月份都会出现持续天阴有雨的气候现象，由于正是我国江南梅子的成熟期，故称其为"梅雨"，此时段便被称作梅雨季节。

淮北雨季：介于江淮梅雨和华北雨季之间的过渡带降水。由于每年季风强度的变化，淮北雨季的降水强度和发生时间也有所不同。

热带气旋：生成于热带或副热带洋面上，具有有组织的对流和确定气旋性环流的非锋面性涡旋的统称，包括热带低压、热带风暴、强热带风暴、台风（强台风和超强台风）的统称。

风暴潮：由热带气旋、温带气旋、海上飑线的强风作用和气压骤变而引起叠加在天文潮位之上的海面异常升降现象。

海平面（高度）：消除各种扰动后海面的平均高度，一般是通过计算一段时间内观测潮位的平均值得到。根据时间范围的不同，有日平均海平面、月平均海平面、年平均海平面和多年平均海平面等。

流域水资源开发利用程度：定义为年取用的淡水资源量占可获得的（可更新）淡水资源总量的百分率。世界粮农组织、联合国教科文卫组织、联合国可持续发展委员会等很多机构都选用这一指标作为反映水资源稀缺程度的指标。指标阈值：当水资源开发利用程度小于 10% 时为低水资源压力；当水资源开发利用程度大于 10%、小于 20% 时为中低水资源压力；当水资源开发利用程度大于 20%、小于 40% 时为中高水资源压力；当水资源开发利用程度大于 40% 时为高水资源压力。

净初级生产力：是指单位时间和单位面积上绿色植物通过光合作用所积累的有机干物质总量，是总初级生产力中减去自养呼吸消耗之后的剩余部分。

灾害风险：危害性自然事件的发生概率及其可能的不利结果。

暴露度：人员、生计、环境服务和各种资源、基础设施以及经济、社会或文化资产处在有可能受到不利影响的位置。

脆弱性：受到不利影响的倾向和趋势。

适应：在人类系统中，针对实际的或预计的气候及其影响进行调整的过程，以便缓解危害或利用各种有利机会。

致 谢

本《决策者摘要》得到了 2018—2020 年中国气象局气候变化专项连续三年的资助。感谢中国气象局科技与气候变化司在项目规划和组织协调等方面给予的大力支持；感谢国家气候中心、国家气象信息中心等在《决策者摘要》编写过程中提供的数据和技术支持；感谢评审专家们对《决策者摘要》编写的宝贵建议和指导；感谢上海市发展改革委、中国气象局上海台风研究所、上海市生态环境局、浙江大学、自然资源部第二海洋研究所、南京信息工程大学、南京农业大学、江西省科学院、中山大学等咨询专家对《决策者摘要》编写的宝贵建议和意见；感谢华东区域上海、江苏、浙江、安徽、福建、江西、山东省（市）气象部门参与《决策者摘要》编写的领导、作者和相关工作人员。